卷卷爷爷的科考日志

去看看！我们的国家公园

·东北虎豹国家公园·

上尚印象 / 著绘

中信出版集团 | 北京

图书在版编目（CIP）数据

去看看！我们的国家公园，东北虎豹国家公园 / 上尚印象著绘．-- 北京：中信出版社，2023.7
（卷卷爷爷的科考日志）
ISBN 978-7-5217-5596-1

Ⅰ．①去… Ⅱ．①上… Ⅲ．①东北虎－国家公园－科学考察－东北地区－少儿读物 ②豹－国家公园－科学考察－东北地区－少儿读物 Ⅳ．① S759.992-49

中国国家版本馆 CIP 数据核字（2023）第 062888 号

去看看！我们的国家公园　东北虎豹国家公园
（卷卷爷爷的科考日志）

著　　绘：上尚印象
出版发行：中信出版集团股份有限公司
（北京市朝阳区东三环北路27号嘉铭中心　邮编　100020）
承 印 者：北京联兴盛业印刷股份有限公司

开　　本：787mm × 1092mm　1/12　　印　　张：4　　字　　数：75千字
版　　次：2023年7月第1版　　印　　次：2023年7月第1次印刷
书　　号：ISBN 978-7-5217-5596-1
定　　价：24.00元

出　　品：中信儿童书店
图书策划：喜阅童书
策划编辑：朱启铭　由　蕾　史曼菲
责任编辑：李跃娜
营销编辑：孙雨露　张　琛　李　彤
装帧设计：上尚印象　谢佳静

服务热线：400-600-8099
投稿邮箱：author@citicpub.com

前言

2021 年 10 月，我国首批国家公园名单正式公布，国家公园这个概念开始走进大家的视野。简单地说，国家公园是我们国家最高级别的自然保护区，它能为生态旅游、科学研究和自然教育提供场所。

“幅员辽阔，地大物博”是对我们国家的形容，每个人都听说过，但在孩子的心中，对这样的形容很难有一个准确的概念。看过“卷卷爷爷的科考日志”系列绘本后，孩子会发现，我们的国家有多种类型的生态系统、壮丽的自然景观、丰富的动植物资源，那么“幅员辽阔，地大物博”在孩子心中自然能呈现出一幅生动立体的美丽画卷。

卷卷爷爷和卷卷是上尚印象团队的原创人物，卷卷爷爷是一位见多识广、和蔼可亲的老爷爷，卷卷是一个聪明调皮的小朋友。翻开这套书，就仿佛跟着卷卷爷爷的步伐一起去看世界，或是和卷卷一起聆听爷爷讲故事。

这是一套有趣的自然科普绘本，涵盖内容非常广泛。用童真可爱的画面、生动有趣的文字介绍了丰富多样的生态系统、珍稀的野生动植物、令人惊叹的自然景观、原始独特的民俗文化，其中还融入了趣味十足的自然科普知识，以及环境保护、人与自然的关系等很多值得思考的命题。

现如今，自然教育越来越被大家所重视，国家公园设立的目的之一也是提供自然教育的场所，让人们能够直接走进大自然，与大自然面对面地交流。上尚印象团队希望能以科普绘本为起点，让孩子自由快乐地拥抱自然。

童书能够帮助孩子认识世界，对孩子的成长有很重要的作用。热爱与真诚是上尚印象团队永恒的力量，我们愿意从孩子的角度出发，聆听孩子的需求和愿望，用心钻研每一个细节，为孩子呈现最有价值的童书。

宋超

-目录-

卷卷爷爷

卷卷爷爷一直行走在科学考察的路上，一边考察，一边以手记的形式做记录。近年来，他开始整理科考手记，希望能够把科考时的所见所闻整理成“卷卷爷爷的科考日志”系列图书，让更多的人了解他曾去过的地方，呼吁人们保护自然、敬畏自然，对世界永远保持好奇心。

卷卷

卷卷是一名小学二年级的学生，因为有一头卷卷的头发，所以名字叫卷卷。卷卷热爱自然，喜欢提问，喜欢扮演小动物，喜欢听探险家爷爷讲曾经的探险经历，和爷爷共同整理科考手记。

大耳怪

大耳怪是一只呆萌可爱的腊肠狗，喜欢和卷卷一起玩，也喜欢跳到爷爷身上。大耳怪是卷卷的好朋友，也是爷爷的小宝贝。当爷爷说起探险经历时，它会和卷卷一起静静地听。但事实上，没有人知道它到底能不能听懂这些话。

卷卷爷爷是一位生物学家、地质学家、探险家。他年轻时去过很多地方，并将自己的所见所闻以手记的形式进行了详细的记录。2021 年 10 月，我国第一批国家公园名单正式公布后，卷卷爷爷以五个国家公园为主题，开始整理自己的科考手记，最终形成了“卷卷爷爷的科考日志”系列图书。卷卷爷爷的目的是帮助更多的人了解我国的国家公园，期待公园内的动植物、自然景观、生态环境等都得到更好的保护和修复。卷卷看到爷爷的科考日志后，提出了很多疑问，于是爷爷开始讲述过去的经历。

卷卷爷爷的科考日志整理计划顺利进行着。这天，调皮的卷卷穿上了老虎玩偶服在院子里荡秋千，忍不住又对爷爷在探险途中发生的故事产生了好奇心……

东北虎豹国家公园可是个生机勃勃的地方，那里的动物和植物带给爷爷一次非常难忘的经历。

卷卷爷爷的科考路线

东北虎豹国家公园包括吉林珲春东北虎国家级自然保护区、老爷岭东北虎国家级自然保护区、穆棱东北红豆杉国家级自然保护区等多个自然保护区。让我们沿着卷卷爷爷的科考路线去看看他都考察过哪里吧！

吉林珲春东北虎国家级自然保护区是实现东北虎、东北豹种群迁移和繁衍的通道，具有非凡的意义。

冬季的老爷岭东北虎国家级自然保护区俨然像一个充满乐趣的冰雪世界，这里有自带“抗寒光环”的植物和成群结队的狍子。

穆棱东北红豆杉国家级自然保护区是天然的植物保护园，保护区内的东北红豆杉有植物界“大熊猫”的美誉。这里的东北红豆杉种群具有原生性。

在六峰山国家森林公园可以找到具有代表性的东北树种。登上六峰山极目远眺，山脚下六峰湖的美丽景色尽收眼底。

吉林汪清嘎呀河国家湿地公园分布着沼泽、湖泊、草甸等各种优美的湿地景观，让来这里的人们流连忘返。

吉林汪清嘎呀河国家湿地公园

第 34~35 页

与吉林珲春东北虎国家级自然保护区比邻的敬信湿地是一个神奇的候鸟驿站，分布着大片的湖泊、沼泽，气候温暖宜人，珍稀的中华秋沙鸭和被誉为“鸟中国宝”的东方白鹳会选择在这里暂时停歇。

敬信湿地

第 36~37 页

吉林兰家大峡谷国家森林公园被称为“中国森林氧吧”，走入森林草地中，就像进入了动植物的“生态秘境”。

密江河大麻哈鱼国家级水产种质资源保护区

第 38~39 页

密江河大麻哈鱼国家级水产种质资源保护区不仅是全国唯一的大麻哈鱼国家级水产种质资源保护区，也是众多鱼类的庇护所。

各物种和谐共生的东北虎豹国家公园

东北虎豹国家公园位于吉林省和黑龙江省的交界处，总面积约为 1.4 万平方千米，良好的温带森林环境造就了其丰富的生物多样性，是我国生态系统金字塔最完整的地区之一。

丰富的地貌类型

公园的地貌类型多样，盆地、丘陵、平原等均有分布，在珲春河、嘎呀河等河流的作用下，还形成了美丽的熔岩峡谷。在这里，你可以观赏到不同的奇特景观。

自然资源的佼佼者

东北虎豹国家公园恰好处在亚洲温带针阔叶混交林生态系统的中心地带。公园自然资源种类繁多，秋季一眼望去，各种植被像是被大自然抻开的一面面彩旗，十分壮观。

东北虎、东北豹的避难所

东北虎和东北豹是世界珍稀濒危野生动物，也是生物多样性保护的旗舰物种。旗舰物种是地区生态维护的代表物种。东北虎豹国家公园以保护东北虎、东北豹和恢复其数量为主要目的，这里是它们稳定繁衍的避难所。

爷爷的科考日志

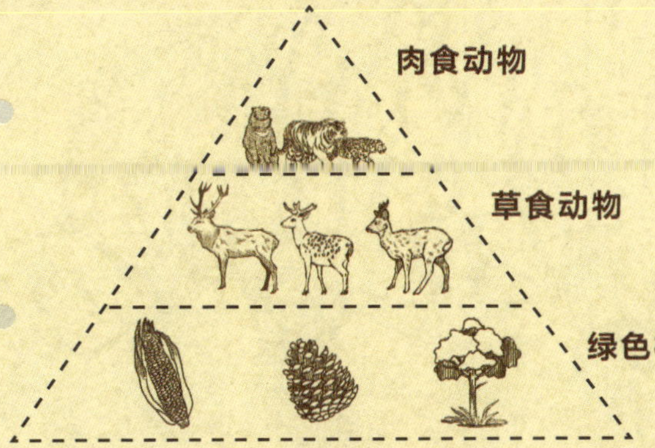

生态系统金字塔

生态系统金字塔反映的是生物间捕食与被捕食的关系。东北虎和东北豹是食物链顶端的“王者”，可一旦金字塔任何一级的生物遭到破坏，它们同样会面临生存困境，所以维护生态平衡非常重要。

凶猛的东北虎和东北豹

东北虎的起源可以追溯到 300 万年前。目前，东北虎和东北豹都是我国国家一级保护动物。它们的足迹曾经遍布东北地区的众山。

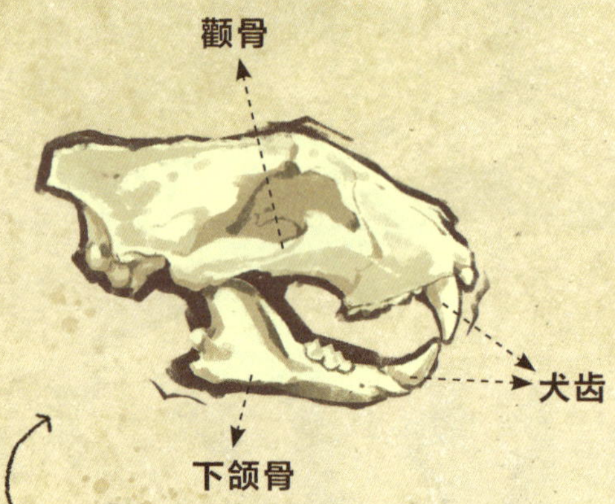

东北虎的头骨结构

东北虎的头骨整体近似椭圆形，颧骨外凸。下颌骨底边近似直角，犬齿长而尖利，可以轻松地咬住猎物。

东北虎

虎前额上的纹路看上去很像一个“王”字，传说中的“森林之王”指的就是虎。东北虎是体形最大的虎亚种，毛色总体上呈黄色，背部和体侧长有柳叶状的赤褐色条纹，属于隐蔽色，这样可以更好地隐蔽于植被中，伺机捕食猎物。

东北虎的习性

东北虎擅长在丛林深处埋伏，伺机捕食其他动物，不仅是优秀的隐秘猎手，还是出色的游泳健将，喜欢领地靠近水源。寒冷深雪中，栖息地的猎物变少，此时东北虎会长途跋涉寻找猎物。

马鹿

亚洲黑熊

欧亚野猪

东北虎的食谱

东北虎的活动范围非常大，它是个很有耐心的捕食者。它一般以体形较大的动物作为主要食物，如马鹿、亚洲黑熊、欧亚野猪等。这是因为东北虎在捕猎时会消耗大量体力，而体形较小的动物不能够补充其消耗的能量。

体长 80 ～ 140 厘米

东北豹

东北豹又叫远东豹，是北方寒带地区体形仅次于东北虎的大型猫科动物。与东北虎不同的是，东北豹头小、尾长，黄色毛发上的黑褐色斑点形状和古代的铜钱极为相似，远看非常漂亮，属于金钱豹的一种。

东北豹的开胃小菜——野兔

东北豹的感官发达，动作敏捷，捕食警惕灵敏的野兔也丝毫不在话下。可怜的兔子就这样成为东北豹的猎物。

东北豹的美味餐食——梅花鹿

性情凶猛的东北豹的犬齿和裂齿非常发达，四肢矫健，可以轻易地越过沟渠，擒获梅花鹿。

东北豹的盛宴佳肴——狍子

东北豹的巢穴比较固定，基本在灌丛或岩洞中就可以找到。当憨憨的狍子还在为“跑与不跑”的问题纠结时，东北豹已经悄悄潜行靠近，并迅速抓住了它。

不愁吃的日常

东北豹有时会把吃不完的猎物挂在树枝上，避免腐烂和被“小偷”盗走。等食物缺少时，它会回来慢慢享用收藏的战利品。

“会呼吸”的森林生态系统

森林是陆地上的“吸碳器”，也被称为“地球卫士”。在森林的“一呼一吸”之间，就产生了洁净的空气。森林是大自然赐予我们的珍贵礼物，让我们一起来看看这个强大的生态系统具有哪些特殊的本领吧！

防风固沙

防风固沙是森林的一大技能，它可以降低风的速度，改变风的方向，就像一个天然的“风扇遥控器”，使大风变成小风，还可以有效抵挡沙土。

净化空气

森林作为天然屏障，可以把空气中的二氧化碳转化为氧气，还能吸收有害气体来降低大气的污染程度，提高空气质量。不得不说，森林这个“空气过滤器”值得点赞。

调节气温

在调节气温方面，林冠层可是起到了相当大的作用，夏季能阻挡太阳辐射，使阳光无法直射地面，降低温度；冬季树叶脱落，森林里太阳辐射增加，会令人感到温暖。

保持水土

保持水土是森林的一个大招儿，成千上万的树根就像一双双“大手”牢牢地将土壤抓住；同时林冠层和落叶可以减弱雨水对土壤的冲击，贮存降水，涵养水源。

爷爷的科考日志

人参

人参根部形状看上去有点像人；它上方长有芦头，下方又长着许多须根。野生人参称野山参，多为中国东北地区的特产，几年才能收获一株，具有极高的药用价值，被视为“百草之王”。

森林历险记

茫茫林海、森森万树曾是东北地区的一张重要名片，但随着人们不断地对森林资源进行掠夺性开发，人类开始遭到大自然的惩罚。

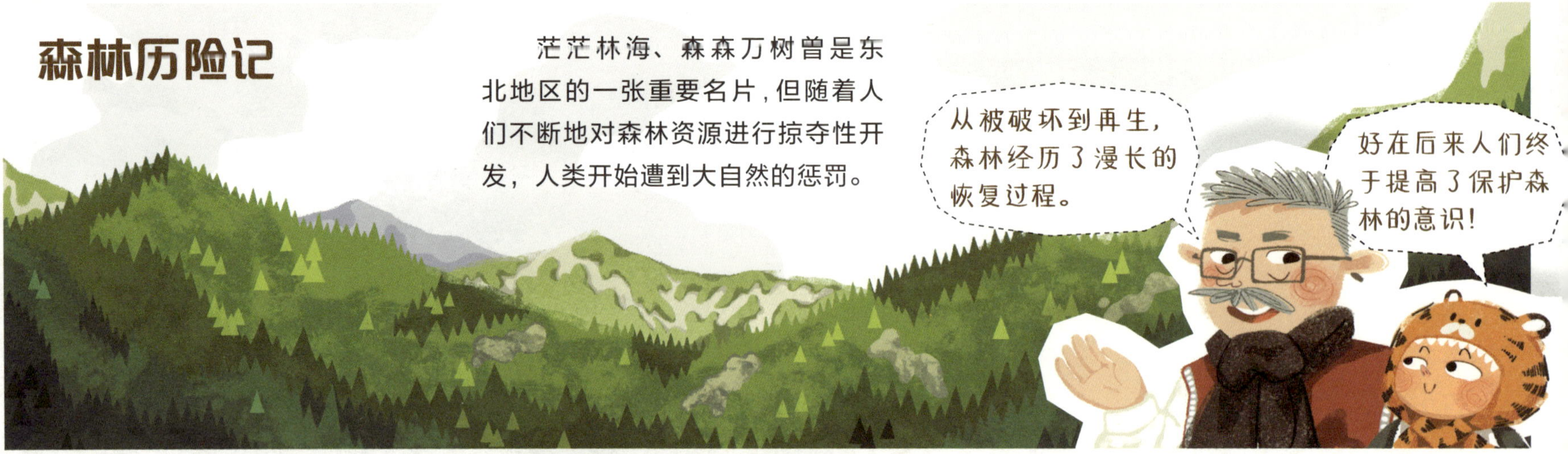

建铁路、造船等制造业需要大量的木材。人类过度开采，导致森林资源被严重破坏。

为了发展工业，大量的树木被砍伐，环境遭到了破坏。

人们只顾着砍伐而不重视保护，导致茂密又原始的森林一去不复返。

森林被毁，林地被开垦成可种植农作物的耕地。

森林资源面临枯竭；动物们的栖息地遭到破坏，逐渐无家可归。

水土流失、洪涝灾害等现象也随之而来，往日的生机盎然不复存在。

生态系统中的食物链被改变，有害动物趁虚而入，鼠疫等疾病大规模暴发。

恢复生态环境迫在眉睫，国家明确规定禁止乱砍滥伐，曾经的伐木工人变成了护林员。
看看哪里还可以再种些树呢？

森林是“地球之肺”，保护森林就是保护人类自己。
爷爷，我们也来为保护森林尽一份力！

“生态宝库”——吉林珲春东北虎国家级自然保护区

吉林珲春东北虎国家级自然保护区的主要保护对象是东北虎和东北豹，同时也是很多动植物赖以生存的家园。保护区地理位置优越，被誉为图们江流域的生态宝库。

得天独厚的地理优势

保护区与俄罗斯、朝鲜接壤，是沟通连接中、俄、朝三国虎、豹种群的桥梁。在工作人员的努力下，保护区内的东北虎、东北豹野生种群数量开始慢慢变多。

连绵不断的山峰

保护区内有河谷、台地、丘陵等常见地貌，还有青绿如画、连绵不绝的山峰。若将保护区南北部的山峰进行对比，那么北部的山海拔较高，像大人；而南部的山海拔较低，像小孩。

交织成网的河流

珲春河是图们江下游最大的一条支流，也是保护区内的主要河流，它的分支交错汇聚，看上去就像一张张大小不一的网。

爷爷的科考日志

红松

红松是一种耐寒的常绿乔木，喜欢生长在阳光充足、湿润的环境中。红松全身都是宝：树干可用于采割松脂，木材可做建筑材料，种子能用来入药。作为观赏树，它们“颜值”也很高。

自然温馨的生态走廊

吉林珲春东北虎国家级自然保护区是我国东北虎、东北豹分布最为密集的区域，也是中、俄、朝三国东北虎、东北豹自由来往的“生态走廊”。这里自然地理条件优越，群峰环绕，风景优美，为野生动物营造了一处幸福诗意的生活空间。

安全可靠的跨境保护

中、俄、朝三国同心协力，“手拉手”共同完善保护区的监测管理，禁止猎杀东北虎、东北豹等濒危物种，对附近居民进行保护生态环境和野生动物的宣传教育，致力于真正实现“虎啸三国”的美好愿景。

走进精彩的动物世界

保护区内动物资源非常丰富，不仅鸟类、两栖动物种类多样，还有不少国家重点保护动物，如紫貂、原麝、梅花鹿等。

紫貂

紫貂长着一条令人羡慕的蓬松大尾巴，毛茸茸的特别漂亮，它们不仅擅长在地上捕猎，也是爬树小能手。聪明的它们会在巢穴里储存食物以应对突发状况。温暖的毛皮让紫貂能轻松应对寒冷天气。

原麝

原麝俗称香獐子，小型鹿科动物，没有角，全身长着暗褐色的毛。它们四肢细长，能轻快灵活地在岩石山地中穿梭，疏林灌丛带的悬崖峭壁上也常常能看到它们的身影。

梅花鹿

梅花鹿因毛皮上布满梅花状的白斑而得名，以草本植物为食。雄鹿头上长着一对角，看上去十分威风，但雌鹿没有角。它们因可爱的外形而深受人们的喜爱，但它们胆小警惕。如果你很幸运地看到了梅花鹿，一定注意不要吓到它们哟。

黑龙江老爷岭东北虎国家级自然保护区

黑龙江老爷岭东北虎国家级自然保护区多年来用心维护天然林的生长，野生动物的生存环境越来越好。冬季，保护区中的植物常常要接受白雪的洗礼，这里俨然变成了一个充满乐趣的冰雪世界。

无拘无束的野生动物

保护区受温带大陆性季风气候的影响，降水适中，为许多野生动物提供了充足的水源。在这里有森林、草原、沼泽等多种生态环境，野生动物可选择的栖息地类型较多。如果幸运的话，还能看见狍子成群结队地路过。

爷爷的科考日志

落叶松

落叶松自带抗寒光环，不惧怕恶劣的低温环境，但它对水分的要求较高。生长在土壤肥沃、排水和通气良好地带的落叶松更加高大挺拔。一些坚实的落叶松木材还会被用来制作电线杆和桥梁等。

有力的保护工作

为了更好地保护野生动物，保护区工作人员采取了禁止打猎、增强保护森林意识的宣传、停止乱砍滥伐等具体措施，因此野生动物在这里活动得更加频繁、自由，密林深处又充满了活力。

避暑胜地——小天桥森林公园

小天桥森林公园位于长白山老爷岭支脉，是绝佳的生态避暑胜地。夏季园内山风扑面而来，凉爽宜人，游客在其中满眼都是迷人的北国自然风光。

爷爷的科考日志

体长 150~200 厘米

野猪

野猪的鬃毛向后倾斜，远远看去像是梳了个炫酷的背头。它们分布广泛，时不时就会上演“猪出没”，在农田经常能看到它们的身影。

爷爷的科考日志

体长95～135厘米

狍子

狍子是一种中小型鹿类，通常在秋冬季节，雄狍的角会开始脱落，这时蹦蹦跳跳的小可爱或许会一脸蒙地突然停住，心里奇怪：我的角哪儿去了？

种类繁多的植物

小天桥森林公园植被繁茂，不仅有珍稀的松茸菌等，还有各种山野菜、药材等，就像是一座植物宝库。

造型奇特的石头

公园内万石峥嵘，你可以看到造型奇特的“笑脸石”“金蟾石”等。

活泼可爱的动物

植被茂密的小天桥森林公园是野猪和狍子的嬉戏乐园。活泼可爱的动物在层层叠叠的山峦间穿梭，跳跃出富有生命力的旋律。

植物的保护园——穆棱东北红豆杉国家级自然保护区

穆棱东北红豆杉国家级自然保护区是东北林区内东北红豆杉分布最集中、面积最大、保存最完好的家园。等到秋季，果实变红，不计其数的红豆在林间若隐若现，好似颗颗红宝石。

保护区“团宠”

东北红豆杉是保护区内的“团宠”。保护区里树种繁多，树龄结构多样，其中最年老的树树龄竟然超过了1200岁。

丰富的植物资源

保护区内珍稀植物资源丰富，“团宠”东北红豆杉在这里并不孤单，樟子松、水曲柳、冷杉等都是它的邻居。

起伏的地貌

保护区位于长白山脉北端、小兴安岭南麓，呈西南东北走向，东、西部的山脉“俯视”着中部的地区。如果要比一比南、北部地势谁更高的话，那么南部会略胜一筹。

活力四射的动物

保护区内的重要成员还有各种各样的动物。快看，豹猫和黄喉貂已经迫不及待地要在树下展开一场紧张刺激的赛跑了！

爷爷的科考日志

东北红豆杉

东北红豆杉是珍贵的国家一级保护植物，被称为“植物界大熊猫”。它怕热怕涝，但用处极多。叶子虽然有毒，但经过提取后可以制成抗肿瘤药物。

蓬勃生长的动植物

穆棱东北红豆杉国家级自然保护区除了植物资源丰富以外，也是许多动物的家园，如“神秘夜行侠”——狼，让人傻傻分不清是豹还是猫的豹猫，紫貂的天敌黄喉貂等。现在我们就来认识一下生长在这里的动植物吧！

体长 36 ～ 66 厘米

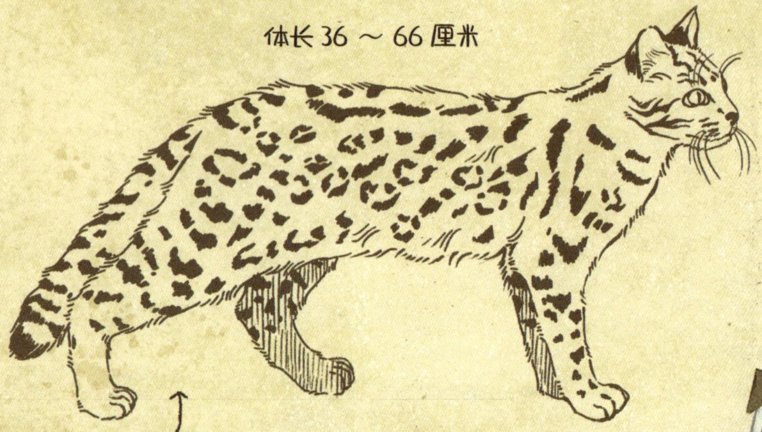

豹猫

豹猫既不是豹也不是猫，因为它们不属于猫科动物的豹属和猫属，而是单独的豹猫属物种。豹猫是游泳天才，喜欢在溪沟边等有水的地方寻找食物，鸟类、蛙类和爬行类小动物都能引起它们的兴趣。

体长 100 ～ 150 厘米

狼

狼属于犬科动物，是狗的直系祖先，但与狗不同，狼的性情凶猛，战斗能力强，可以适应多种恶劣环境。它们喜欢群居，昼伏夜出，基本依靠嚎叫的方式来进行互动。

狼的脚印

狼的脚印看上去与狗的相似，像一朵梅花，但狼的脚印要稍大。因为狼爪粗钝，不能弯缩，再加上走路很轻，所以脚印不深，有时会只留下爪尖的部分。

体长 56 ～ 65 厘米

黄喉貂

黄喉貂体形细长，善于隐蔽，是森林中的“躲猫猫”高手，喜欢住在树洞和石洞中。它们的爬树本领很高，还会在跑动中进行远距离的跳跃。

樟子松

樟子松是松的一种，生长较快，对环境有很强的适应力，即使是水分较少的土壤环境也能适应，可以作为城市绿化的观赏植物，也可以做造林树种。

冷杉

冷杉耐阴且不怕冷，树干笔直，枝繁叶茂，四季常青，树冠远远看去像圆锥形的高塔。圣诞节里用来做装饰的圣诞树通常用的就是它啦。

水曲柳

水曲柳是中国东北珍贵的“三大硬阔树种”之一，对土壤的温度和湿度有一定要求，适合生长在温度较低、水分充足的地方。水曲柳木材坚硬致密，纹理非常漂亮，是难得的高级家具材料。

神奇原始的吉林兰家大峡谷国家森林公园

吉林兰家大峡谷国家森林公园将原始森林生态、天然石林山峰、奇妙瀑布景观等有机融合，原始、神奇是这里最显著的特点。怪不得人们常说“南观长白圣水，北看兰家秘境”。

蒙古栎

五角槭

五彩斑斓的美景

公园内金岭松涛景区的针阔混交林以秋冬奇景为最，树种多为蒙古栎、五角槭，它们在秋风中如波涛般翻涌，掀起阵阵彩浪，好似在炫耀大自然的杰作。

爷爷的科考日志

五角槭

五角槭又名五角枫，叶形秀丽，叶子颜色会随着季节更替而变化，是植物界的“颜值达人”，经常被用作景观树。它的木材用途也很多，可用来制作乐器，也可用作建筑材料。

不能错过的奇景

来到这里你可以看到陡峭的山岭和美丽的瀑布：神奇的天路好像通向神秘的太空；造型奇特的屏风山，令人震撼；气势磅礴的九叠瀑，景致宛如仙境，令人陶醉。

天路 ▸ 天路是公园内一道独特的风景线，高大笔直的苍松翠柏像闪电般劈开了通往天空的道路，也称“一线天”。

屏风山 ▸ 屏风山是公园河岸北侧的一处自然景观，呈东西走向，山势陡峭险要，苍松挺拔，远远望去如同一面屏风。

九叠瀑 ▸ 九叠瀑从高山飞速流下，和层层叠叠的岩石撞击出一朵朵美丽的水花，景色醉人，有“幽然九溪”之称。

走进森林公园动植物的“生态秘境”

吉林兰家大峡谷国家森林公园是多种野生动植物的栖息地，东北虎、东北豹、马鹿等在这里留下了足迹。随处可见的原始森林、动物间的捕食和共生等各种关系，让公园的生态系统更加完善。

绿色清新的森林氧吧

公园因负氧离子含量极高，而入选了首批“中国森林氧吧”。走在森林草地中，仿佛置身于浪漫的童话秘境，奇树、奇特地貌等构成奇景，这里简直是“人间休闲养生天堂”。

丰富多彩的动植物世界

公园中森林植被茂密，还拥有适合动物栖息的各种地貌，无数动植物在公园中尽情生长，呈现出一片生机勃勃的景象。

动作敏捷的“逃亡者”

马鹿是体形仅次于驼鹿的大型鹿类，性情机警，听觉和嗅觉灵敏。它们因为善于奔跑，又有巨角作为武器，所以在面对东北豹这种猛兽的追捕时，也有机会逃脱。

爷爷的科考日志

马鹿

马鹿是一种鹿科偶蹄类哺乳动物，体形和马非常相像，雄鹿有角。马鹿喜欢在高山森林或草原热闹群居。擅长奔跑、游泳，各种各样的草本植物是它们的最爱。

穷追不舍的“捕猎者”

东北豹是马鹿的天敌之一。在公园中，因为马鹿体形庞大，足够让东北豹饱餐一顿，所以成了它们轻易不会放弃的美味。

山清水秀的六峰山国家森林公园

六峰山国家森林公园是黑龙江省东南部的重点旅游区，园内古树参天，令人向往。碧绿幽深的六峰湖在这里缓缓流淌，静静地依偎着六峰山。

红松的“家”

公园内风景辽阔壮美，遍布着成片的红松林，行至其中，仿佛闯进了红松的故乡。在这里还可以观赏到疣鼻天鹅在青山绿水间盘旋飞舞，鸳鸯身披彩虹羽衣在水中嬉戏。

大小不一的河流

穆棱河是公园内的主要河流，这条河来头可不小，系乌苏里江左岸的最大支流。除了穆棱河以外，公园还分布着大石头河、小石头河。

疣鼻天鹅

疣鼻天鹅是一种冬候鸟，长着姿态优美的长颈，经常群体栖息在湖泊或沼泽地带，水生植物是它们对于食物的第一选择。疣鼻天鹅时常在湖面翩翩起舞，宛若一名优雅的舞者，为平静的湖面带来了活力。

鸳鸯

“鸳鸯”是雄鸟“鸳”和雌鸟“鸯”的合称。雄鸟羽毛色彩鲜艳，好像身披彩虹羽衣；雌鸟体形较小，背部苍褐色。繁殖期，鸳鸯会成双入对地出现在野外的湖泊、溪流等地方。

雄伟壮观的六峰湖

六峰湖在六峰山脚下，其大坝高大雄伟，登坝远眺，可以把六峰湖的美景尽收眼底，十分惬意。

包罗万象的保护区资源

六峰山国家森林公园资源包罗万象，具有我国东北地区森林公园的代表性动植物。另外，园内中、欧风格的建筑整体看上去和谐有致，仿佛与大自然融为一体。

打上东北标签的树种

公园的植被覆盖率高，森林的状态原始自然，在这里还可以找到东北典型树种，如红松等。

爷爷的科考日志

体长 50~65 厘米

狗獾

狗獾属于体形较大的鼬类，圆耳朵、尖脑袋，头部有三条宽白纵纹，还有萌态十足的小短腿。狗獾是优秀的“建筑师”，它们会自己打造结构复杂的洞穴长居，同时还很爱干净，有固定排便的地方。

天然的家园

体形庞大的亚洲黑熊懒懒地坐在树上，东北虎悠闲地巡视着领地……峻岭、小溪和各种生灵，共同构成了一幅休闲自在的山野画卷。

爷爷的科考日志

黄檗

黄檗根系发达，萌生能力较强，多生长在河谷沿岸，开黄绿色的小花。果实看上去就像一颗颗“小黑豆”，味道极苦，但和它的树皮一样都可入药。

悠闲喝水的东北虎

如果幸运的话，在六峰山国家森林公园中我们可以看到这样的景象：东北虎在山林间悠闲地来回踱步，选择一条它心仪的小溪，然后慢条斯理地低头饮水，喝饱后再心满意足地离开。

吉林汪清嘎呀河国家湿地公园

走进吉林汪清嘎呀河国家湿地公园，就如同来到了一处广袤通透的绿色空间，这里有永久性河流、库塘和稻田等多个湿地类型，是湿地教学、生态旅游的理想场所。

爷爷的科考日志

鹊鹞

别看鹊鹞体形不大，但它可是一种猛禽，有着锋利的爪子，能在天上直接抓住正在飞行的小鸟，属于称霸天空的存在。

动物物种丰富的乐园

公园内的动物物种丰富，在这里可以看见各种各样的水草和鱼类，水鸟肆意地在湿地上空翱翔，让人不禁想起了“低头见绿荫，抬头见鸟飞”的唯美意境。

保护湿地，人人有责

维护湿地的美好景色需要每个人的努力，我们要主动爱护大自然、热爱环境、接受科普，共同守护这片养育着鹡鸰、红头潜鸭和其他珍稀动物的小天地。

看不够的湿地景观

被草本植物覆盖的沼泽、软乎乎的绿色草甸、一望无际的河流湖泊、藏着很多秘密的灌丛……这些不同的湿地景观，总是让人流连忘返。

爷爷的科考日志

体长42～49厘米

红头潜鸭

雄性红头潜鸭的头和上颈呈红棕色，下颈和胸部等处呈黑色。雌鸭头颈棕褐色，其余与雄鸭相似。它们喜欢一动不动地漂浮在水面上睡觉，经常头朝下扎入水中取食。

流域广阔的嘎呀河

嘎呀河是公园内的主要河流，也是图们江水系的主要支流，流域附近存在多处遗址，人文景观丰富。远远望去，碧波盈盈的嘎呀河好像在书写一首流动的诗。

候鸟驿站——敬信湿地

敬信湿地也叫作图们江下游湿地，每逢春秋时节，大量的候鸟成群结队地在这里聚集，敬信湿地成了名副其实的候鸟驿站。

筑起候鸟的家园

敬信湿地如今优美壮观的景象离不开人们对鸟类生存环境的重视，是有力的保护措施为候鸟筑起了一片生存家园。在这里，候鸟的食物选择非常丰富，如美味的野大豆和鲜嫩的滩头鱼。

动植物的水世界

敬信湿地内有大片的河流、湖泊、沼泽，为很多动植物提供了适宜的栖息地。芦苇荡边，一群群大雁在飞翔、觅食。珍稀的中华秋沙鸭、东方白鹳等在这里也有分布。

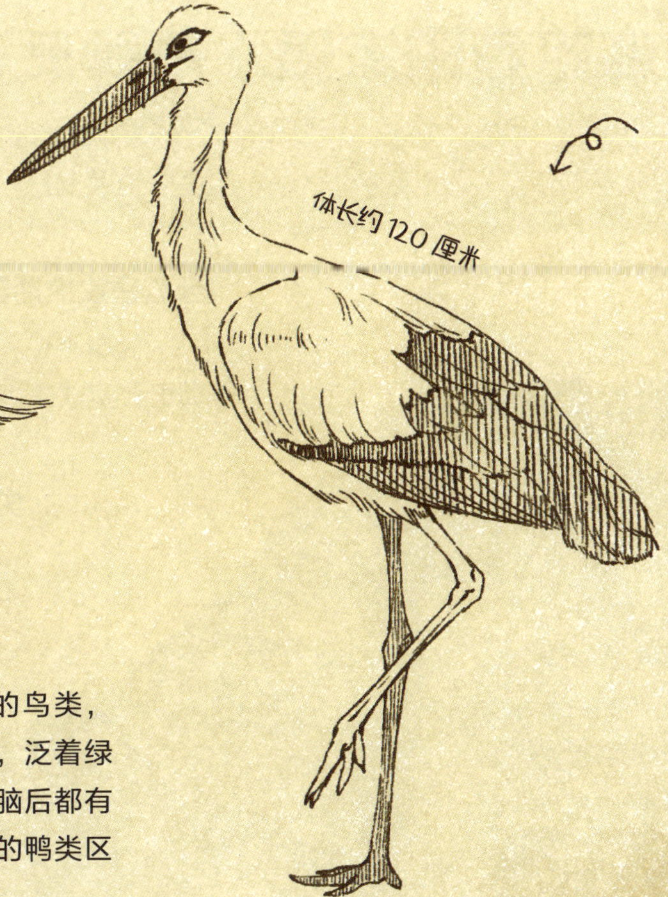

东方白鹳

东方白鹳被誉为“鸟中国宝”，是一种喜欢在水边生活的大型禽类。它们常在水塘、沼泽等地出没，鱼是其最喜欢的食物。东方白鹳体态轻盈，翅膀宽大，擅长飞翔，有时也会在草地上漫步，纤细的大长腿使它们走起路来十分优雅。

中华秋沙鸭

中华秋沙鸭数量极其稀少，是中国特有的鸟类，通常以家族为群进行活动。雄鸟的头部呈黑色，泛着绿色的金属光泽，而雌鸟头部呈棕褐色。雌雄鸟脑后都有羽冠，非常特别，让人一眼就能将它们和普通的鸭类区分开来。

密江河大麻哈鱼国家级水产种质资源保护区

密江河大麻哈鱼国家级水产种质资源保护区是全国唯一的大麻哈鱼国家级水产种质资源保护区，这里通过开展持续的增殖放流，成了大麻哈鱼和其他众多鱼类的庇护所。

什么是放流活动?

简单来说，放流活动就是人们向河流等水域内投放活的水生生物。如果想要改善生态环境、保护濒危物种，放流是不错的选择。

实施放流很必要

放流活动可以有效保护水生生物的多样性。经过人们连续多年的放流活动，这里的生物资源得到了明显恢复，更多鱼儿欢天喜地地回到了属于它们的世界。

大麻哈鱼的家——图们江

图们江发源于长白山，在江中我们可以观赏到很多自由游动的大麻哈鱼，甚至连马苏麻哈鱼和日本七鳃鳗等珍稀生物也能在这里找到。

爷爷的科考日志

体长 53 ～ 70 厘米

大麻哈鱼

大麻哈鱼是一种凶猛的肉食性鱼类，整体轮廓像一个纺锤，锋利的颌齿就是它捕食的有力工具。大麻哈鱼会在江河和海洋间进行周期性往返，具有“河里生，海里长”的特性。

体长 50 ～ 71 厘米

马苏麻哈鱼

马苏麻哈鱼与大麻哈鱼的外形相似，主要区别是马苏麻哈鱼的背上有明显的黑色小斑点。它的肉质鲜美，深受人们喜爱。

让鱼儿回家

放流活动现场热闹非凡，吸引了很多游客。大量鱼苗被源源不断地投放到水流中，使密江河水域又渐渐恢复了往日的生机。

白衣民族的生活

吉林珲春东北虎国家级自然保护区位于朝鲜族人民的聚居地——吉林省延边朝鲜族自治州，这里山清水秀，充满灵气，孕育出独特的朝鲜族文化，展示出“白衣民族”别样的风采。

大酱汤

酱是朝鲜族人民非常喜爱的调味料，也是大酱汤的主要调味料。大酱汤中佐以蘑菇、豆腐等食材，配上一碗米饭，吃起来十分可口。

冷面

冷面的面条筋道爽滑，面汤酸甜美味，入口又辣又香、五味俱全。夏天时，一碗冷面可以驱散炎炎暑气，是朝鲜族世代相传的特色美食。

辣白菜的制作

人们将辣椒、白糖、水果等打成酱汁，再把酱汁淋在白菜上，密封腌制数日后，就制成了十分受欢迎的辣白菜。

服饰

朝鲜族人民喜欢穿清丽质朴的素白衣服，有“白衣民族”之称。男子多为宽松式的短衣长裤，女子的上襟以彩带作结，下装为高腰长裙，宽松飘逸。

打糕

打糕是朝鲜族人民在庆典中常吃的一种食品，身着传统服饰的朝鲜族人民用长柄木槌反复敲打熟糯米，带动了欢乐的节日气氛。

朝鲜族有句俗语：夏天吃打糕，像吃小人参。将新鲜出炉的打糕切成小块儿，蘸上黄豆面食用，唇齿留香。

房屋

朝鲜族的传统居所大多为马尾式住宅，屋顶的四面都有一定坡度，屋脊的中间平缓，两侧翘立，用瓦片覆盖。住宅外墙同朝鲜族人民的服饰一样多为白色，房门上的细木格子长短结合、疏落有致，再加上白色窗纸，给人一种清新整洁的美。

乐器

伽倻琴和长鼓都是朝鲜族的传统乐器，历史悠久。伽倻琴的形状很像汉族的传统乐器古筝，具有丰富多彩的演奏技巧。长鼓为打击乐器，音色柔和，常用来表现轻快、欢乐的情绪。

歌舞

朝鲜族人民能歌善舞，歌曲富有表现力。一人放歌，众人随，不需要过多的交流就能共同表演一场精彩的节目。顶水舞和长鼓舞观赏性极强，舞动的姿态优美，给人带来一场视觉盛宴。

虎豹家园的守护者

东北虎豹国家公园内有一支女子巡护队，她们响应黑龙江省东宁市林业和草原局的号召，主动承担起了守护野生动物的责任。她们克服了重重困难，为保护环境做出了很大贡献。

女孩儿们带着对野生动物的好奇，既忐忑又期待地加入了巡护队。

在山地中徒步巡护果然很费力气！
坚持坚持！就快走完一半的路程了。
每次下河鞋子都会被水浸透。
做一名巡护队员真是又辛苦又快乐呢！
好痛啊！但没关系，我一定可以钻过这个树丛！
得赶快把远红外摄像机修好才能继续观察情况。
再添点粮！可不能饿着动物们。
这些猎套的重量根本不算什么！我们抬得动！
通过女子巡护队的不懈努力，林场中的猎套数量越来越少，山林逐渐恢复了生机。
今天又晒黑了，身上也多了几处瘀青。
我也是！不过能为动物保护尽一份力，受再多的伤也值了！
卷卷，女子巡护队的事迹到这里就讲完啦。
真精彩！姐姐们都是好样的！我要向她们学习。

「ABOUT」关于上尚印象

上尚印象是一个年轻的、充满活力的图书出版品牌。
品牌用专业的能力赋予童书更新颖的现代设计语言和图像风格。产品的阅读人群不仅是儿童，也包括对精品图书着迷的成年人。将知识类童书打造成值得收藏的全年龄段读本，努力开创“没有界限的阅读模式”是我们对产品的无限追求。
上尚印象主创团队从事艺术设计与少儿图书研发二十多年，对儿童出版物具有强烈的敏锐度，主持创作出版的童书达数百种。公司核心团队成员数十人，同时签约多名国内外知名插画家，真正实现了创作自主化模式。团队不仅追求美学与形式化的创新，更加重视选题内容及读者感受。主创成员均来自不同领域，选题研发初期，我们以“小选题”为基础，在各自领域内进行头脑风暴，然后编辑汇总，从而达到“大百科”的知识输出，力争为不同年龄的读者打造出值得收藏的“一本好书”。

「特别感谢」“卷卷爷爷的科考日志”研发组成员
张喆、姜林青、崔佳杰、张博洋、董志刚

「特别介绍」儿童插画师 / 张喆

张喆，儿童插画师，上尚印象签约画手。从事青少年儿童绘画创作十余年，以清新的颜色、细腻的笔触和温暖治愈的绘画风格为读者创造出一个个充满童趣的浪漫世界和一个个鲜活生动的人物形象，为读者带来快乐。目前已出版多部绘画作品，广受欢迎，深受好评。